U0173038

沙永玲 / 主编　　郭嘉琪 / 著　　陈盈帆 / 绘

数学可以这样学 ①

数学棒棒糖

电子工业出版社·
Publishing House of Electronics Industry
北京·BEIJING

●●●●●●●●●●●●●●●●●●●●●●●●

我的孩子爱数学

●●●●●●●●●●●●●●●●●●●●●●●●

郭嘉琪

　　不可否认，数学确实是每个人生活中不可或缺的一部分。但是，当身为家长或老师的我们正式把数学介绍给孩子或拿到课堂上时，孩子们似乎并不喜欢学。太多的例子告诉我们，很多不喜欢数学的人，绝大部分原因来自童年不如意的学习经历。难道真的没有办法让我们能更自然、更愉快地将数学介绍给孩子们吗？难道在我们带领孩子探索数学世界时，一直都会如此枯燥吗？尤其是充满好奇心的低年级孩子，我们该如何告诉他们数学世界里其实充满惊喜，等待着他们去探索呢？现在，我很高兴与孩子们一同找到了"皆大欢喜"的方法。

　　没有孩子不喜欢故事，没有孩子没有好奇心，利用此特点，我借着"说故事"，将看似硬邦邦的数学主题介绍给孩子们。原本看着窗外的孩子，现在会目不转睛地盯着我瞧、期待着我的故事。原本让孩子觉得与自己生活毫不相关的数学主题，却让他们一反常态充满正义感地急着去了解。数学不再只是数字，数学是故事、是趣味，也是生活。令我振奋的不只是孩子愉悦的学习过程，更是多数孩子因此被激起了进一步探索的兴趣。

本书以能力取向，内容针对小学低年级的课程设计，亦适合其他年级复习或预习之用。所以我选用了篇幅较短的"寓言故事"，以配合孩子们的识字量。本书内容包含以下 3 个部分。

★ **故事和数学练习题：**利用故事营造情境，引起孩子学习的兴趣。每则寓言故事之后附上该单元主题的练习题，并在"头脑体操"部分说明设计目的。孩子的数学能力是要朝多元化发展的，包括逻辑能力、配对能力、视觉能力等，看似只是一些数学题，却题题包含了对孩子的各种能力的培养和提升。

★ **进阶闯关，高手过招：**这个闯关活动中涉及前面所学的数学题目，提供更进一步地复习与检查学习成果的机会。

★ **参考解答：**附上参考解答，方便老师和家长协助批阅或让孩子自行订正。

希望本书能让家长和教师们在协助或引领孩子学习数学的道路上多一点灵感和创新。当我们愿意尝试不同的教学方式时，就有更多的机会触发孩子的学习兴趣。我相信你们也将会和我一样，看见孩子充满期待和雀跃的眼神……就让我们和孩子一同去探索数学吧！

故事、数学我都爱

郭嘉琪

　　我和你一样，也有个喜欢听故事的童年，只要是能和"故事"扯上关系的东西，不管是书本、电视剧、动画片还是电影，我都要仔细地瞧一瞧、听一听，不知道故事的结局是不会罢休的。不过学校的功课总是和"故事"没有多大关系，尤其是数学，要做的题目总有一大堆。当时我常常想："如果做数学题像听故事一样有趣，那该有多好？"所以当有一天我真正成为老师时，我就决定要帮小朋友们一个大忙，把"学数学"变成像"听故事"一样有趣的事。

　　之后，有好多小朋友告诉我："原来故事和数学是好朋友，为什么我以前都不知道呢？为什么没有人告诉我呢？"如果小朋友不知道故事和数学的关系，他们就不会知道数学多有趣，更不会知道故事中有很多问题需要他们帮忙解决。如果不解决害怕数学、讨厌数学的问题，又怎能学习更多的知识，学会自己解决问题呢？基于这些重要的原因，诞生了这本书！

　　书中包括以下 3 个部分。

　　★ 故事和数学练习题：每一篇都先介绍一则有趣的寓言故事，之后会提出一些数学问题让你解决。你只要仔细、用心地想，一定可以找出答案！

★ 进阶闯关，高手过招：如果你成功地解决了前面的数学题，那么建议你试试闯关游戏。这些关卡会证明你是不是能通过全部考验，以此证明你是一位了不起的解题高手。

★ 参考解答：附上参考解答是为了方便老师或家长帮你对答案。在算完数学题后，你也可以自己对一对答案，这也是一个不错的方法！若是有错误的地方，别忘了再想一想、算一算。

希望这本书可以让你和"故事"、"数学"手牵手，前往奇妙的数学世界。我身边的好多小朋友都是这样爱上数学的，相信你也一定会有很多奇妙的收获。现在，就让我们一同去探索吧！

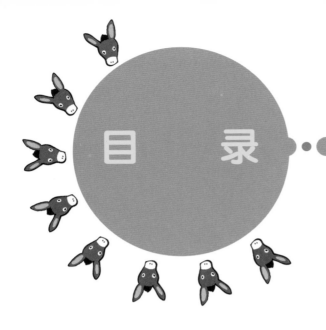

目　录

1. 父子与驴

二位数的加减：解决100以内的加减问题。

有一对穷困的乡下父子，他们养了一头驴。这头驴勤奋又乖巧，父子俩对它疼爱有加，总是不忍心让它载过重的货物。有一回，乡下父子牵着驴要去城里做生意，走到半路上，他们遇见了一群刚打完水的姑娘。

姑娘们看见这对父子和他们身边的驴，就对他们指指点点地说："你们看，这世界上居然有这么怪的事。身边有一头驴竟然不骑，偏偏要走路，这样未免太傻了吧！"

　　父亲听了觉得有道理，就说："儿子，你骑到驴的背上去吧！"于是，儿子就听话地爬上了驴背。

　　走着走着，迎面来了一群老年人。几位老年人看到儿子骑着驴，就七嘴八舌地议论着。其中一位指着骑在驴背上的儿子说："唉，你们看，我刚刚说得没错吧！

现在的年轻人实在不像话，自己舒舒服服地骑在驴背上，让长辈在一旁走路。唉，年轻人你难道不会不好意思吗？"

儿子听了一阵脸红，就说："爸爸，还是您来骑吧！"儿子说完，就立刻跳了下来。

走了不久，一位妇女正巧抱着孩子经过。看见这幅景象，她扯开嗓门大声喊："你这个狠心的父亲，怎么舍得让儿子气喘吁吁地走，自己却骑在驴背上自在呢？你又不是七老八十的老头，真是太没良心了！"

父亲听了，虽然有点担心驴子可能承受不了，但是考虑了一会儿之后，就对儿子说："儿子呀，我看你也一块儿骑上来吧！这样，就不会再有人说闲话了。"儿子听了觉得有道理，就跟着骑了上去。

可怜的驴子拖着沉重的脚步，一步步缓慢地前进。这时，一位从城里来的绅士看到了这种景象，气愤地说："你们怎么这么狠心？难道你们没看见驴子已经快要撑不住了吗？你们最好快点下来，否则我要告你们虐待动物！"

父子俩一听，吓得立刻从驴背上跳了下来。

父子俩你看看我、我看看你，不知如何是好，决定请绅士来出主意。绅士清清喉咙说："为了减轻驴子的负担，我建议你们，不妨就抬着驴子走吧！"

父子俩听了觉得很有道理，二话不说，就将驴子的四条腿绑在一根木棍上，然后奋力抬起驴子继续上路。街上的人看到了这种情景，都围过来议论纷纷。

至于驴子，心里做何感想呢？驴子对这对父子失望透顶，因为它觉得这对父子从头到尾只在意别人说的话，完全没有自己的主见。所以，当父子俩居然采用绅士的建议，决定把它"抬"起来时，它就已经快忍无可忍了，它觉得这种行为实在是太愚蠢了。

当他们的身边聚集了越来越多看热闹并嘲笑他们的群众时，驴子再也忍受不住了！于是，它使出吃奶的力气挣脱绳索，然后头也不回地离开了这对父子！

数学时间，我来试试看！

❶ 如果驴背上有两袋货物，其中一袋是31千克，另一袋是18千克。请问：两袋货物相差多少千克？

算式：

    答：（　　　）千克

❷ 如果驴子驮了一袋39千克和一袋47千克的货物。请问：驴子总共驮了多少千克的货物？

算式：

    答：（　　　）千克

❸ 驴子总共驮了两袋共重43千克的货物，如果其中一袋是32千克。请问：另一袋是多少千克？

算式：

答：（　　　）千克

❹ 驴子总共驮了两袋共重72千克的货物，如果其中一袋是29千克。请问：另一袋是多少千克？

算式：

答：（　　　）千克

❺ 依照题意，用"竖式"算算看。

（1）驴子分别驮了46千克和23千克的货物。请问：两袋货物相差多少千克？

答：（　　　）千克

（2）爸爸的体重是65千克，儿子比爸爸轻34千克。请问：儿子的体重是多少千克？

答：（　　　）千克

头脑体操

1 先想一想，再将14、27、30三个数填入下列各算式的 中。

> 先不要拿笔算，用你聪明的脑袋想一想，"判断"一下答案会是什么。

（1） + + = 71 　（2） + − = 43

（3） + − = 17 　（4） + − = 11

2 找出下列各题的变化规律，再将正确答案填入□中。

（1）55→10，69→15，73→10，86→□，99→□

（2）91→8，85→3，72→5，60→□，54→□

（3）45→60，53→68，66→81，71→□，84→□

（4）93→69，78→54，62→38，50→□，43→□

（5）325→10，421→7，219→12，533→□，690→□

（6）924→7，567→4，391→11，847→□，653→□

★请你也来自己创造规律，再让同学或家人猜猜你的规律是什么吧！

（　　　）→□，（　　　）→□，（　　　）→□

（　　　）→□，（　　　）→□

训练孩子从演算中发现规律，有助其"逻辑"思考。第1题的重点在于鼓励孩子观察出数字大小和运算结果的关系，千万不要将数字一一带入演算。第2题则是鼓励孩子在数字间或是图形间寻找规律，进而创造规律，指导者应避免立即指正孩子的想法，若孩子的想法合理，即应给予正面鼓励。

❸ 下面的图各表达什么意思？请用算式来表示。

（1）

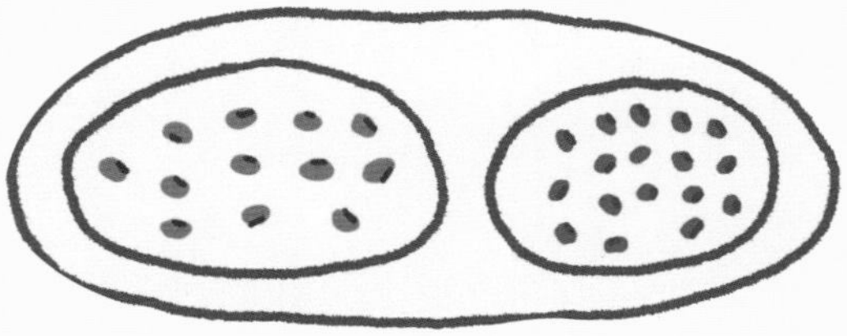

算式：＿＿＿＿＿＿＿＿＿＿

（2）

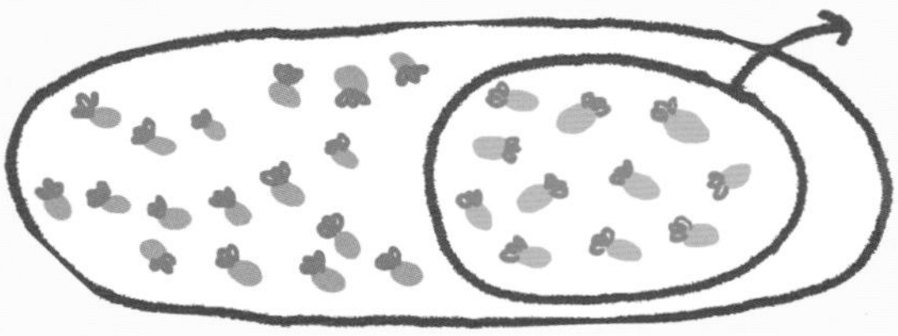

算式：＿＿＿＿＿＿＿＿＿＿

（3）

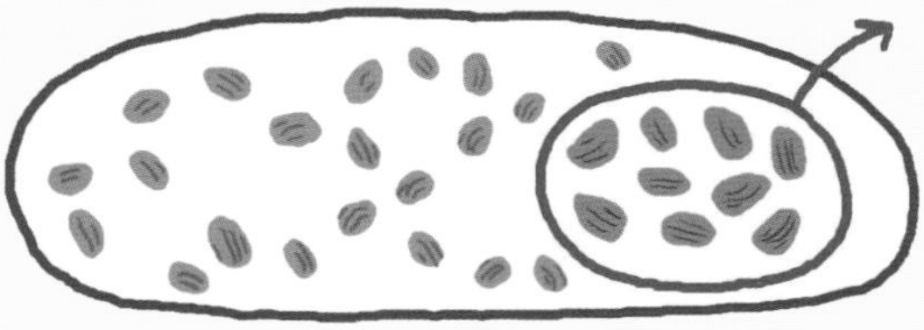

算式：＿＿＿＿＿＿＿＿＿＿

❹ 写出下图所要表达的所有可能算式。

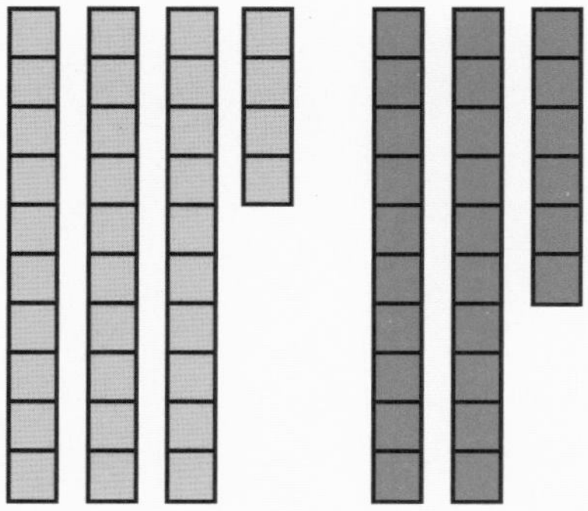

算式：

（1）＿＿＿＿＿＿

（2）＿＿＿＿＿＿

（3）＿＿＿＿＿＿

（4）＿＿＿＿＿＿

图画是广义的语言，让孩子试着摆脱对文字的依赖，是本题型设计的目的之一。借由图画推敲出第3题、第4题所要表达的意义，是一项重要的数学能力训练。

2.乡下老鼠和城市老鼠

有两只非常要好的老鼠，一只住在乡下，另一只住在城里。乡下的老鼠很想念城里的老鼠，于是寄了一封信给他，希望老朋友能照着信里所附的地图到乡下来玩。

城市老鼠收到邀请信后非常高兴，立刻打包行李、穿上轮滑鞋，照着地图上的指示，前往乡下老鼠的家。

很快，城市老鼠来到乡下，一切果真如乡下老鼠说的，不但风景优美，而且空气清新。他们一起到湖边玩耍，一同悠闲地在草地上打滚！

等他们玩累了，乡下老鼠说："走吧！回我家去，我请你吃顿丰盛的晚餐。"乡下老鼠住在一座大谷仓里，谷仓里装的全是大麦、小麦、玉米等各种谷物。

正当乡下老鼠得意地介绍自己的家，并拿出自认为丰盛的大餐来招待城市老鼠时，城市老鼠竟然说："天哪，这就是你的晚餐吗？这些东西怎么能吃呢？"

接着，城市老鼠开始夸耀起自己的家。他说："我住的地方犹如皇宫一般，不但到处是亮得发光的摆设和家具，而且吃的食物和日常用品全都比乡下好上千万倍。"

城市老鼠说得唾沫横飞，乡下老鼠也听得目瞪口呆，乡下老鼠从没见过城市老鼠说的那种地方，更别说吃过那些食物了。再看看城市老鼠一身流行的行头，真是令乡下老鼠羡慕不已。

"这样吧，不如明天一早你和我一道回城里去，我带你去开开眼界！"城市老鼠提议道。

第二天一早，两只老鼠就一同进城去了。

城里人来人往，一路上两只老鼠不得不躲躲闪闪，街上来来去去的车辆吓得乡下老鼠四肢发软。要不是城市老鼠拉了一把，乡下老鼠早就被卡车碾死了。城市老鼠一边左右张望，一边安慰乡下老鼠说："老弟啊！只要多练习几次，就没什么好怕的了。"

两只老鼠冒着生命危险好不容易才来到城市老鼠的家，乡下老鼠终于松了一口气。果真，眼前出现了一幢豪华无比的大别墅，城市老鼠得意地带着乡下老鼠参观。

就在进门前，城市老鼠再三叮嘱乡下老鼠："你一定要紧跟着我的脚步，否则很容易发生危险，你第一次来难免会不习惯！"两只老鼠躲躲闪闪地溜进别墅中。

金碧辉煌的屋子和闪闪发亮的摆设，看得乡下老鼠眼花缭乱。乡下老鼠觉得走了好久好久，才终于来到了摆满山珍海味的餐厅。"哇，我这辈子从来没见过这么丰富的食物……"桌上摆着香喷喷的烤鸡、蛋糕、饼干、面包和浓汤等美食。

正当他们奋力爬上高高的餐桌时，一个胖胖的女仆忽然拿着扫帚冲了过来。她扯开嗓门大喊："好哇！今天终于让我给逮到了！看看我今天怎么对付你们！"

　　乡下老鼠还一头雾水，搞不清楚到底发生了什么事，城市老鼠早已拉着他冲了出去。他们逃出餐厅正想喘口气，却又听到猫咪在外头喵喵地叫，吓得他们俩连滚带爬地冲出屋。

　　惊魂未定的乡下老鼠，喘了一口气，拍拍胸脯，说："这就是你过的生活吗？"城市老鼠红着脸，不知如何回答。乡下老鼠拍拍城市老鼠的肩膀说："我的朋友，谢谢你的招待，但是我想，比起每天胆战心惊地过日子，我还是比较喜欢乡下那种悠闲又自在的生活呀！"

❶ 下图是乡下老鼠寄给城市老鼠的地图，依照图示，回答问题。

（1）当城市老鼠走到a时，他是在喷水池的（　　　）边。

（2）乡下老鼠告诉城市老鼠，当他走到b时，必须向左转。
请问：他应该走哪一条路？（　　　）路

（3）当城市老鼠走到c时，大树是在他的（　　　）边。

（4）当城市老鼠路过学校时，发现他在学校的左边。请问：
这时城市老鼠应该是在什么路上？（　　　）路

（5）乡下老鼠说他住在巧克力路上，他住的谷仓不是长方体，
也不是圆柱体。乡下老鼠住的谷仓是（　　　）。
（请填代号）

❷ 城市里有一座美丽的喷水池。

（1）请将喷水池的"内部"涂上"蓝色"。

（2）请你实际测量一下，图中喷水池的"周长"大约是多少
厘米？

答：（　　　）厘米

提示：你可以拿一条线，沿着喷水池的周围绕一圈后剪下来，再量一量
线段的长度。

（3）喷水池旁有一个长凳子，请你实际测量一下，图中长凳
子的"周长"是多少厘米？

答：（　　　）厘米

❸ 城市老鼠经过乡下的大树时，发现树上有很多小鸟和松鼠在玩耍。请你仔细观察，回答下面的问题。

（1）树上有几只小鸟？（　　　　）只

（2）树周围有几只小鸟？（　　　　）只

（3）树周围有几只松鼠？（　　　　）只

（4）树上有几只松鼠？（　　　　）只

（5）图中共有（　　　　）只小鸟，（　　　　）只松鼠。

❹ 城市老鼠的家里处处充满了危险。他警告乡下老鼠必须照着他的提示走才不会遇到危险。乡下老鼠该往哪里走？请你将正确的方向代号圈出来！

> 提示：1. 遇到正方体向左转　2. 遇到圆柱体向右转
> 　　　3. 遇到长方体向前走

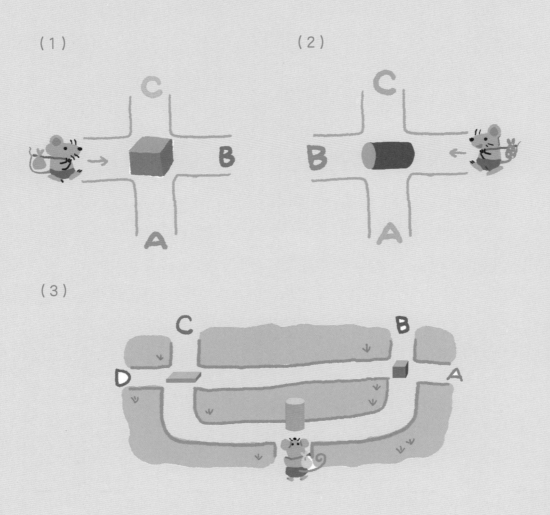

（1）

（2）

（3）

❶ 读一读下面的地图，请将每题中可以到达的路线圈出来！

| | 教堂 | | 乡下 | 城市 | 游乐场 |

(1) 教堂 → 游乐场	② → ⑤ → ⑥	③
	② → ④ → ①	② → ③
(2) 游乐场 → 乡下	⑥ → ①	⑥ → ⑤ → ④
	③ → ②	③ → ⑤ → ①
(3) 城市 → 乡下	② → ① → ④	④ → ⑤ → ⑥ → ①
	③	① → ④

呈现地图的路线用以增进孩子的空间能力，加强孩子视觉与知觉的协调，是此题型的设计重点。

3. 挤牛奶的小姑娘

每天，挤牛奶的小姑娘都很忙碌，早起后她要先帮主人挤牛奶，再把牛奶拿到市场上去卖，大家都叫她"挤牛奶的小姑娘"。

到市场的途中，会经过一间服饰店。服饰店的橱窗里，总是摆着一件件美丽无比的衣裳。不过挤牛奶的小姑娘每天赚的钱只够她吃饱三餐，橱窗里的衣服对她来说，真是个遥不可及的梦想。

这一天，挤牛奶的小姑娘同往常一样，头上顶着一桶牛奶往市场走去。当她经过服饰店时，她像以往一样停下了脚步。这次她比以前的任何一次都停留得更久，因为今天橱窗里摆着的礼服，是挤牛奶的小姑娘见过的最华丽的一件！

如雪一样洁白的高贵礼服，深深地吸引住她的目光。礼服上的珍珠装饰，让整件衣服散发出耀眼光芒，一层层的裙摆有如天上层层叠叠的云朵。挤牛奶的小姑娘看着这件礼服，恨不得能立刻穿上它。她知道自己是买不起的，无奈地叹了一口气后，她心不甘情不愿地往市场继续走去。

"若只是靠着每天帮主人卖牛奶，我永远赚不了什么钱，得想想其他的法子才行……"挤牛奶的小姑娘一边走一边自言自语。她努力地想、拼命地想，有钱人到底是如何赚钱的，想来想去，她发现"做生意"是一个不错的方法。

　　忽然间，挤牛奶的小姑娘灵机一动，高兴地说：
"对呀！我可以用赚来的一点点钱去买一只母鸡。母鸡
下了蛋，我可以拿鸡蛋去卖钱，一颗鸡蛋可以卖一些钱，
嗯，让我算一算……一阵子之后，我就可以存一小笔钱
了。如果还不够，我还可以先跟主人借一些钱来买其他
的牲畜，好生更多的小牲畜。这样算来，不久之后我就

会发财，就能有足够的钱买下橱窗中那件美丽的礼服了……"这样的计划听起来挺合理的，挤牛奶的小姑娘乐得手舞足蹈，竟然接着做起夸张的白日梦来了。

"只要穿上那件礼服，我将成为全村、全镇，甚至全国最高贵的女人，这样一定会有很多人来追求我。说不定我还有机会参加皇宫中举办的盛大舞会，那我不就可以见到英俊的王子了吗？王子一见了我，肯定也会被我迷住。大家都会对我投以羡慕的眼光，我将和王子站在高高的宫殿上跳舞……"想到这里，挤牛奶的小姑娘高高举起头上顶着的牛奶桶，一手拉起裙摆，快速转圈，左一圈，右一圈。这时，突然"哐啷"一声，头顶上的牛奶已经打翻在地上了。

当挤牛奶的小姑娘回过神来，牛奶早已迅速地渗到泥土里，如同刚刚做过的白日梦一样，消失得无影无踪！挤牛奶的小姑娘吓了一跳，心中懊恼不已。当她空手回去后，主人问起原因，挤牛奶的小姑娘只好如实地告诉主人事情的经过。

主人一听，叹了口气说："唉，我不但无法给你工钱，你还得赔偿我今天的损失，这也算是给你的一个教训吧！你得记住，有计划固然是好的，但是，在还没努力之前就做起白日梦来，是注定要失败的呀！"

① 如果一只鸡一天生2颗蛋，那么一个星期共下几颗蛋？

算式：

答：（　　）颗

② 接上题，如果一颗鸡蛋可以卖4元，那么一天可以卖得几元？
一个星期可以卖得几元？

算式：

答：一天卖（　　）元，一星期卖（　　）元

③ 如果一只鸡一天可以下5颗蛋，那么8只鸡一天可以下几颗蛋？

算式：

答：（　　）颗

❹ 想一想。

（1）如果挤牛奶的小姑娘一天存3元，以此类推，她可以

存得：

3 元→ 6 元→ 9 元→（　　）元→（　　）元→

（　　）元→（　　）元→（　　）元→（　　）元

（2）如果挤牛奶的小姑娘一天存7元，以此类推，她可以

存得：

7 元→ 14 元→ 21 元→（　　）元→（　　）元→

（　　）元→（　　）元→（　　）元→（　　）元

❺ 每样东西可以卖得的价钱如下表，请你写出算式再算一算。

价目表

鸡蛋
每颗 2 元

青蛙
每只 6 元

小鸡
每只 9 元

小鸭
每只 10 元

例：鸡蛋4颗

2元 × 4 = 8元

（1）青蛙8只

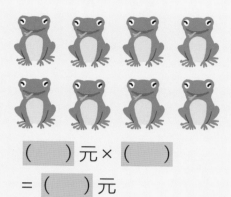

　　（　　）元 × （　　）
　= （　　）元

（2）小鸭5只

　　（　　）元 × （　　）
　= （　　）元

（3）青蛙4只+小鸡8只

　　（　　）元 × （　　）= （　　）元
　　（　　）元 × （　　）= （　　）元
→　（　　）元 + （　　）= （　　）元

（4）鸡蛋9颗+小鸭3只

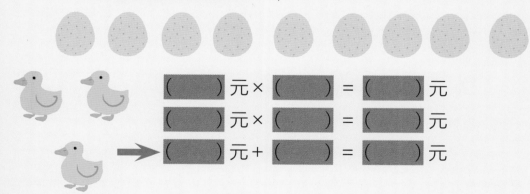

　　（　　）元 × （　　）= （　　）元
　　（　　）元 × （　　）= （　　）元
→　（　　）元 + （　　）= （　　）元

1 下面的数轴各是表达出何种算式呢？请勾选出来。

（1）

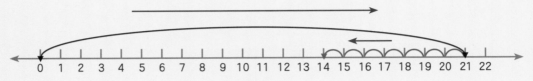

□14 + 7=21　　□7 + 7=14

□21 − 7=14　　□7 × 3=21

（2）

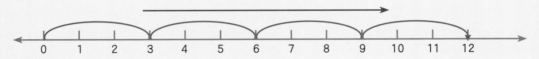

□6 + 6=12　　□12 − 3=9

□3 × 4=12　　□3 + 9=12

（3）

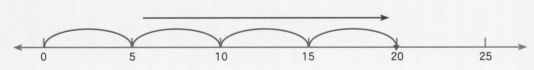

□5 × 4=20　　□25 − 5=20

□10 + 10=20　　□4 × 4=16

利用"画图"的方式有助于孩子了解并定义题目，学习由数轴及符号的呈现推敲出其欲表达的算式意义，避免孩子过度依赖文字的提示。

❷ 一个箱子中放有7颗鸡蛋，一颗鸡蛋可以卖3元，共有5箱鸡蛋。请问：共有几颗鸡蛋？

答：（　　　）颗

★ 题目中哪一句文字叙述是多余的呢？

答：_____

❸ 挤牛奶的小姑娘每天都要顶着一桶牛奶到市场里去卖。请问：她一个星期共可以卖得多少钱？

答：（　　　）元

★ 题目中应该多给哪种条件呢？

答：_____

此类型的应用题强调的是"多余的数据"和"过少的资料"，如此有助于孩子理清题意，并让教学者测试孩子是否真明白文字与算式之间的关系。避免许多孩子因重复演练相同数学题型，而学会猜测出演算模式与答案，并非真正了解其中意义。

4. 蚂蚁与蟋蟀

夏天的阳光，照在山川，照在溪流，也照在草原上。夏天一到，大地显得处处朝气蓬勃。虽然天气稍微酷热，不过在阴凉处却聚集了好多的小昆虫。有的忙着唱歌，有的忙着跳舞，有的忙着聊天，有的忙着睡午觉，当然，更多是忙着玩游戏呢！当大家都玩的正高兴时，有一群蚂蚁在大太阳下来回奔走，搬运着一个个比他们身体大上好几倍的东西。

一只年轻帅气又爱唱歌的蟋蟀见了这幅景象，就说："我说蚂蚁老弟呀！大热天的，

为什么要这样辛苦呢？你们不如先歇一歇，等天气不那么热了再继续工作吧！"

一只蚂蚁停下来喘口气说："非常感谢你的关心，我们想要趁着食物正多的时候多搬些回去，否则到了冬天，储存的食物可能会不够我们吃的。"

"冬天？你们未免太心急了吧！夏天才刚开始啊！"蟋蟀有些不屑地笑着说。

"我们蚂蚁家族历年都是如此的！你看看……"蚂蚁从口袋里拿出一大张表格来。

"这是我们在冬天之前必须准备好的食物种类以及

分量，还有好多没存够。蟋蟀大哥，很抱歉我不能再和你聊了，我得继续工作了！"说完，蚂蚁就离开了。

秋天到了，蚂蚁仍旧辛勤地工作，但是蟋蟀说："秋天不但凉爽，而且是过冬前仅剩的一点点玩乐时间了，怎么可以将宝贵的时间浪费在无聊的工作上呢？储存粮食的事，等寒冬来临之前再担心吧！"

天气越来越冷，树也一棵棵的秃了。秋天的最后一片叶子终于松开手从树上掉落，大雪一瞬间降下，覆盖了整片大地。此时，蟋蟀才惊觉冬天已经来临，更惨的是，他想起家里的橱柜还是空空的，连一丁点儿食物也没有。

"糟了，我的肚子正饿得发慌，怎么办呢？"蟋蟀有气无力地说。

饥寒交迫的蟋蟀，忽然想起了一直辛苦工作的蚂蚁。"对了，蚂蚁们一定有足够的粮食分给我。我这就去向他们借一些！"说完，蟋蟀冒着大风雪，出门去找蚂蚁了。

外头的天气相当恶劣，大地一片白茫茫的，又饿又冷的蟋蟀好不容易来到蚂蚁家的门口，他使尽全身的力气敲了敲门。

"你们好！有人在家吗？是我……蟋蟀……"蟋蟀用颤抖的声音喊着。

"请问有什么事吗？"一只蚂蚁从洞中探出头来问。

"我家里已经没有任何食物了，能否向你们借些粮食？无论你们分给我什么都好，因为我已经快要饿死了……"蟋蟀一边说着，一边不断地发抖。

"很抱歉，"蚂蚁为难地回答，"今年的冬天似乎比往年都来得早、冷得很，这场暴风雪也不知还会持续多久。而且我们储存的粮食只够我们蚂蚁家族今年过冬，若借给了你，我们其中有的恐怕会被饿死，所以，非常抱歉……"说完，蚂蚁就把门关上了。

　　大雪纷纷落下，仿佛要把整个世界都掩埋了。那只贪玩的蟋蟀最后到底怎么样了，没有人知道。但是从那年冬天之后，就再也没有听到那只蟋蟀的歌声了。

数学时间，我来试试看！

❶ 下面的统计表是蚂蚁各月份收集到的食物分量，请你完成统计图并回答问题。

统计表

月份	数量	月份	数量
一月		七月	正 正
二月	一	八月	正 丁
三月	丁	九月	正
四月	正	十月	正
五月	正 一	十一月	丁
六月	正 下	十二月	

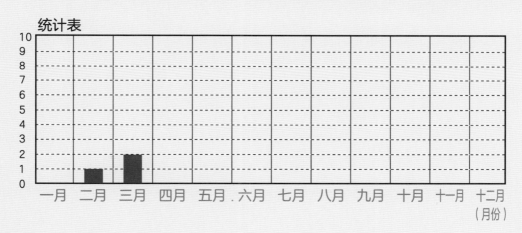

统计表

（1）哪个月收集到的食物最多？（　　）月

（2）上半年（一月至六月）蚂蚁共收集到多少分量的食物？
（　　）

（3）下半年（七月至十二月）蚂蚁共收集到多少分量的食物？（　　）

（4）这一整年中，蚂蚁共收集到多少分量的食物？（　　）

❷ 下图是蚂蚁收集到的食物，请你数一数后将正确的记录填入右表中，再回答问题。

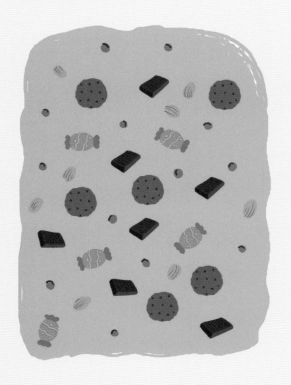

食物种类	画记	数字
饼干	正一	6
糖果		
巧克力		
豆子		
花生		

（1）收集到的数量最多的食物是（ 　　 ）。

（2）数量最少的食物是（ 　　 ）。

（3）数量最多和最少的食物相差多少个？（ 　　 ）个

（4）再多收集几个花生，数量才会和豆子一样多？（ 　　 ）个

（5）共收集到（ 　　 ）种食物，数量是（ 　　 ）个。

❸ 下表是蚂蚁家中食物的记录图，请你仔细看一看后，再回答问题。

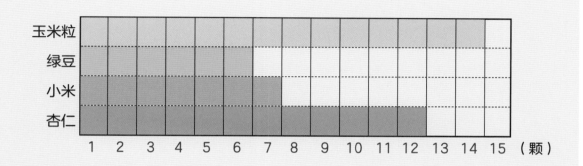

（1）玉米粒有（　　）颗，绿豆有（　　）颗，小米有（　　）颗，杏仁有（　　）颗。

（2）哪种食物的数量刚好是绿豆的两倍？（　　）

（3）哪种食物的数量刚好是玉米粒的一半？（　　）

（4）数量由少到多的食物种类，依序是：

（　　　）→（　　　）→（　　　）→（　　　）

（5）绿豆和哪种食物的数量相差最少？（　　）

（6）玉米粒和哪种食物的数量相差最多？（　　）

（7）如果每一种类都要收集到20颗，那么玉米粒还少（　　）颗，绿豆还少（　　）颗，小米还少（　　）颗，杏仁还少（　　）颗。

❶ 已知A>B，C>B，C>A，那么A、B、C各代表下面统计图中的哪个呢？请填入（　　　　）中。

★注："＞"表示"大于"；"＜"表示"小于"

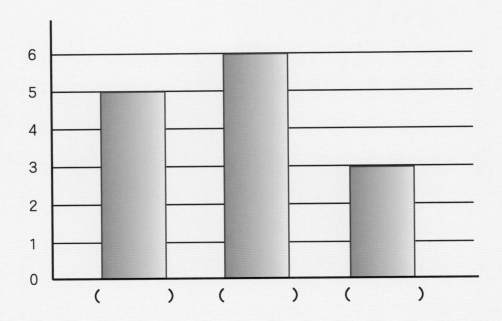

写出A、B、C各代表的数。

A = (　　　　)

B = (　　　　)

C = (　　　　)

透过分析未知数之间的逻辑关系，再由视觉判断图表中三个选项的关系，然后将前后两者对应连贯起来，此题型虽较复杂，但对于孩子理清想法有很大帮助。

❷ 一个袋子中装的东西如下表，请回答问题。

种类	数量
糖果	正 一
饼干	正 正 正 正
巧克力	正 丅
糖球	正 正 正 丅

如果这四样东西的大小都很接近，将手伸入袋子中拿出一个。

（1）糖果和巧克力，哪个被拿出来的机会较大？（　　　）

（2）饼干和糖球，哪个被拿出来的机会较小？（　　　）

（3）这四样东西中，哪一种被拿到的机会最大？（　　　）

（4）这四样东西中，哪一种被拿到的机会最小？（　　　）

"概率"是一个非常生活化的主题，不过在低年级的数学领域中较少被触及。利用与"统计图表"的结合，可让孩子提早接触概率并体会其中含义。

分分看与分数：能解决表内乘法和除法问题，并认识分数（分母在10以内）的意义。

5. 老婆婆与医生

　　有位独居的老婆婆，她的眼睛几乎已经看不见任何东西了。由于行动不便，老婆婆只好请附近的医生到家里来给她看病。

　　一天下午，医生来到了老婆婆家。仔细地检查了一下老婆婆的眼睛之后，医生说："老婆婆，依我看，要治好你的双眼是没有问题的，但是……"

　　"但是什么？只要能治好我的眼睛，多少钱我都愿意

付！"老婆婆说。

"费用是不便宜没错，不过要完全治疗好你的眼睛，也要花上好一段时间，你要有耐心呀！"就这样，医生和老婆婆约好每天来替她治疗一次。

临走之前，医生看了看老婆婆的家里，发现老婆婆很富有，家里的摆设不但高级而且应有尽有。医生心中有了坏主意，他心想，反正老婆婆看不见，拿走一些值钱的东西应该是不会被发现的。于是，医生离开前便顺手带走了一些值钱的东西。

第二天，医生又来替老婆婆看病。他替老婆婆仔细地治疗过后，就要回去了。临走前，他又忍不住带走了

一些值钱的东西。这个医生甚至贪得无厌地计划着，要如何在老婆婆的眼睛复明之前将她家中所有值钱的东西偷走。贪心的医生用纱布将老婆婆的眼睛蒙起来，并嘱咐她不能轻易打开，还交代老婆婆要耐心地等待眼睛康复。

接下来的日子中，医生接二连三地搬走了老婆婆家中值钱的东西，直到将老婆婆家的东西搬得一件不留，他才对老婆婆说："好了，我想你的眼睛应该已经恢复得差不多了。现在，让我来替你拆下纱布吧！"

说完，医生就将老婆婆的纱布拆了下来。但是，当老婆婆轻轻睁开双眼时，除了"眼前的医生"以外，家中的所有东西她都看不见了。老婆婆是个聪明人，她立刻明白了这是怎么一回事。

当医生要求她付这一阵子治疗眼睛的高额费用时，老婆婆说："你这狡猾的医生，我是一毛钱都不会付给你的！"

医生听了，非常生气地说："你说什么？付治疗费是我们一开始就约定好的呀！"就这样，医生和老婆婆争吵着来到了警察局。

　　医生一见到警察，就理直气壮地对警察说："警察先生，请您评评理！我辛辛苦苦地将老婆婆的眼睛治好了，她却一毛钱都不肯付给我！"

　　"老婆婆，你既然接受了治疗，而且眼睛也已经痊愈了，为何不照你们先前的约定，付治疗费给这位医生呢？"警察问道。

　　"警察先生，刚开始时我们确实是这样约定的……"老婆婆愤怒地指着医生说，"但是，他根本没有帮我把眼睛治疗好，我现在的眼睛反而比之前更糟糕！"

警察看了看眼睛正常的老婆婆问："你的眼睛不是好好的吗？怎么说没治好呢？"

　　"警察先生，是这样的，以前我是可以看见我家中的东西的，但是，当这个医生说他将我的眼睛治疗好之后，我发现家中的每一样东西我都看不到了。您说，这样我该付给他治疗费用吗？"

　　警察听了，明白这位医生原来是个贼，便立刻把他抓了起来。医生一见事情败露，只好承认他先前做的所有坏事。警察做了笔录，记下了医生是如何有计划地一天天偷走老婆婆的东西的，最后将那些原本就属于老婆婆的财物都归还给了她。

❶ 医生看见老婆婆家中有许多珍贵的古董花瓶，他算了算：如果每次带走4个，必须分成3次才能拿完。请问：老婆婆家共有多少个花瓶呢？

第一次   第二次   第三次

答：（　　　）个

❷ 老婆婆的地窖中有40瓶高档葡萄酒，医生分成8次就将酒全部都拿完了。请问：医生平均每次拿走几瓶葡萄酒？

答：（　　　）瓶

❸ 医生发现老婆婆的抽屉里有21个戒指，医生每次都拿走3个。请问：医生需要分几次才可以把戒指拿完？

答：（　　　）次

4 医生发现老婆婆家的食物看起来很美味，决定拿走一些。阴影部分就是医生拿走的，各占全部的多少？

（1）

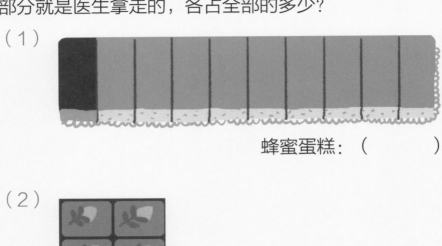

蜂蜜蛋糕：（　　　　　）

（2）

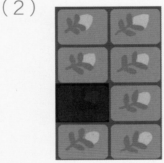

高级饼干礼盒：（　　　　　）

（3）

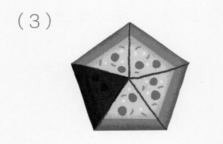

水果派：（　　　　　）

（4）

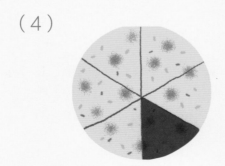

比萨：（　　　　　）

5 下面的各种水果，医生都已经拿走了 $\dfrac{1}{3}$，请将被医生拿走的水果数量圈起来。

（1）

（2）

（3）

（4）

头脑体操

❶ 请你也用彩笔涂出一模一样的图来。

（1）

 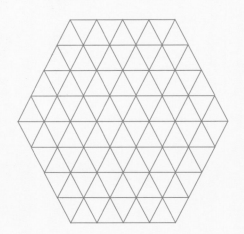

（2）

（3）

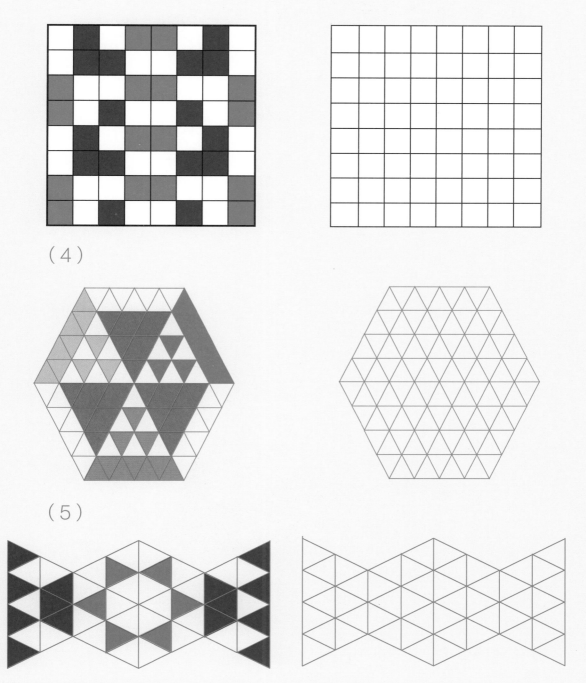

（4）

（5）

对已有图像复制或描绘其轮廓，是空间基本概念与空间能力的培养，这也是几何的学习重点之一，本题型活动有助于此能力的培养，且孩子在复制图的过程中亦可习得"特定部分占整体多少"的概念，此概念与"分数"有关。

6. 金斧头和银斧头

　　幽静的山谷里，传来斧头砍在树木上的声音，"咚！咚！咚！"有个樵夫正汗流浃背地工作着。他不怕辛苦，不管工作多久，从来不喊一声苦。最近他发现在山里的一个湖边，有许多好木材，所以绕过一座又一座山头，来到这里砍伐树木。不知已经工作了多久，他才打算坐下来休息一下。

　　樵夫看了看堆得像座小山似的木材，自言自语道：

"今天的收获应该足够了，待会儿就可以将这些木材扛到市场上去卖掉。"但是，当他正想坐下休息时，眉头也同时皱了起来，因为让他感到最烦恼的，不是顶着大太阳伐木，而是"数木材"。

他坐在湖边慢慢数，但是东数数，西数数，数得眼冒金星，数得头昏脑涨，不是多三根，就是少十根的，每次数的木材数目都不一样。他不断搔着头，忽然一个不小心，"扑通"一声，斧头掉进了湖里。

"啊！"樵夫叫了出来。他立刻伸手想捞回斧头，但是，除了湖面上林木的倒影外，樵夫连斧头的影子也看不见了。樵夫用双手捂着自己的脸说："这该怎么办？

没有了斧头，我怎么工作呢？"他既懊恼又自责地坐在湖边哭起来。

这时，湖面像一阵风吹过一般，出现了一圈圈的涟漪。接着，湖中央竟然出现了一位身穿雪白长袍的老人。老人摸着他长长的胡子，和蔼地说："年轻人，你为什么坐在这里哭呢？"

"刚刚我数木材数得昏昏沉沉时，不小心把斧头掉进了湖里。没有了斧头，我往后就没法砍柴了！"樵夫边哭边回答。

老人说："原来是这样，你先别伤心，在这里等一会儿，我去帮你找找看……"说完，老人沉入了湖中。没过多久，老人又出现在湖面上，手中拿着三把斧头。

"是这把闪闪发光的金斧头吗？"老人举着第一把斧头问。

"不是不是，我的斧头没有这么新，这不是我的斧头。"

听樵夫这么说，老人指着第二把银斧头问："那么，这把应该错不了了吧？"

"这把斧头也不是我的，我的是一把旧旧的斧头……"樵夫边打量着银斧头边回答。

"那么是这把斧头吗？"老人举起第三把铁斧头给樵夫看。樵夫一眼就认出了自己的斧头，兴奋地说："没错，这把斧头才是我的！老爷爷，非常谢谢您。"

老人亲切地说："年轻人，你真是一个诚实的人，我打算将金斧头和银斧头也一块儿送给你。"樵夫一听，却对老人说："谢谢您的心意，您还是留着金银斧头吧，但请您教教我如何数数好吗？我想，这对我来

说更有价值。"老人听了，觉得这个樵夫真是一位上进的年轻人，就答应了樵夫的要求，他们因此度过了一个充实又愉快的下午。

傍晚回到家后，樵夫感觉这一切就像梦一般奇妙，他就将这件事告诉了他的哥哥。哥哥听了，生气地责备樵夫没有拿回金斧头和银斧头，于是决定自己亲自再去一趟。

第二天天一亮，樵夫的哥哥就照着樵夫说的到了湖边。他故意将自己的斧头丢进了湖里，接着就在湖边号啕大哭起来。不一会儿，湖面上就出现了弟弟所说的老人。老人问："年轻人，你为什么这样伤心呢？" "是这样的，我心爱的斧头掉进了湖里。没有了它，我往后就不能工作，也无法生活了……"哥哥边哭边说。

"真是糟糕。没关系，我帮你找找看。"老人就像昨天一样，说完话就消失了。不一会儿，白胡子老人回到了湖面上，手中果真拿着金、银、铁三把斧头。贪心的哥哥一看，还等不及老人开口，就说："没错没错，这三把斧头都是我的，快还给我吧！"这时，老人露出了严厉的眼神说："你这说谎的人，不诚实的人是什么也得不到的呀！"说完，老人就消失在湖面上，再也没有出现。

樵夫的哥哥不但什么好处都没得到，甚至连他自己原本的那一把斧头也拿不回来了，真是得不偿失啊！

❶ 老人用小方块教樵夫如何数数。若 ▇ 代表1根，▬▬▬▬ 代表 10根，▨ 代表100根。那么，请替樵夫想一想以下的图是代表多少根木材？并回答接下来的问题。

（1）

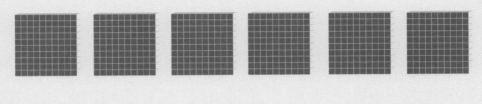

➡共代表多少根木材？（   ）根

（2）再加1根，共（   ）根。

（3）接着，再加10根，共（   ）根。

（4）接着，再加100根，共（   ）根。

（5）最后，必须再加（   ）根，就会变成800根木材。

（6）800根要再加（   ）根，就会变成1000根了。

❷ 再和樵夫一起练习数钱吧!

若 ① 代表1元, ⑩ 代表10元, 🏷100 代表100元, 🏷200 代表200元, 🏷500 代表500元。

例:

→ 代表多少呢?

写法: <u>321</u>元;

读法: <u>三百二十一</u>元。

（1）

→ 代表多少呢?

写法: ____元;

读法: _____元。

（2）

→ 代表多少呢?

写法: ____元;

读法: _____元。

（3）

→ 代表多少呢?

写法: ____元;

读法: _____元。

3 了解各个数字所代表的意义，才能学会正确地数数。

例：651 = 600 + 50 + 1；
6 个百，5 个十，1 个一，是代表 651。

（1）714 = 700 + 10 + （　　）

（2）493 = 400 + （　　） + 3

（3）385 = （　　） + 80 + 5

（4）570 = 500 + 70 + （　　）

（5）203 = （　　） + （　　） + 3

（6）861 = （　　） + 60 + （　　）

（7）989 = （　　） + （　　） + （　　）

（8）5 个百，9 个一，是代表（　　　　）

（9）7 个百，3 个十，是代表（　　　　）

（10）4 个百，9 个十，2 个一，是代表（　　　　）

头脑体操

① 仔细看一看图，并依照提示，回答题目所说的是哪个数字。

（1）

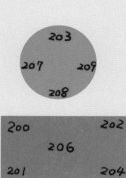

A. 比205小。

B. 在圆形内。

答：（　　）

（2）

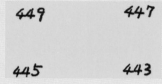

449		447
445		443

A. 不在长方形内。

B. 比450小，比446大。

答：（　　）

（3）

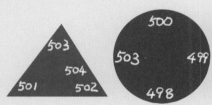

A. 同时在圆形和长方形内。

B. 比499大。

答：（　　）

结合图形之视觉判断、辨析题意、逻辑推理等能力，训练孩子多方面思考判断。

1. 父子与驴

1 如果驴子驮着一袋麦子和一袋玉米，其中麦子重29千克，玉米比麦子重13千克。请问：驴子共载了多重的货物？

答：（　　　）千克

2 爸爸重61千克，比儿子重32千克。请问：父子俩共多少千克？

答：（　　　）千克

3 驴子驮了三包货物，其中花豆比土豆轻28千克，薏仁比花豆轻12千克。请问：土豆比薏仁重多少千克？

答：（　　　）千克

4 驴子驮了三包货物，其中绿豆比黄豆重28千克，黄豆比红豆重21千克。请问：绿豆比红豆重多少千克？

答：（　　　）千克

5 想一想，将正确答案填入□中。

（1）

$$
\begin{array}{r}
3\,2 \\
+\ 1\,\square \\
\hline
4\,8
\end{array}
$$

（2）

$$
\begin{array}{r}
2\,\square \\
+\ 6\,9 \\
\hline
\square\,2
\end{array}
$$

（3）

$$
\begin{array}{r}
\square\,7 \\
+\ 4\,4 \\
\hline
7\,\square
\end{array}
$$

（4）

$$
\begin{array}{r}
\square\,2 \\
-\ 6\,9 \\
\hline
1\,3
\end{array}
$$

（5）

$$
\begin{array}{r}
\square\,9 \\
-\ 6\,3 \\
\hline
1\,6
\end{array}
$$

（6）

$$
\begin{array}{r}
9\,\square \\
-\ 6\,3 \\
\hline
\square\,8
\end{array}
$$

（7）左圈=40
　　右圈=58

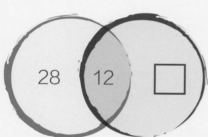

（8）左圈=40
　　右圈=84

（9）右圈=62

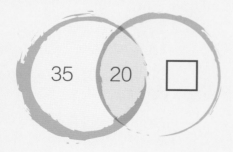

（10）左圈=40

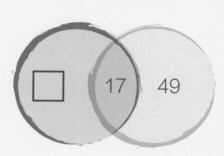

2. 乡下老鼠和城市老鼠

❶ 下面立体图形的面，可能出现哪些形状呢？请填入代号。

A. 正方形　　　B. 长方形　　　C. 三角形

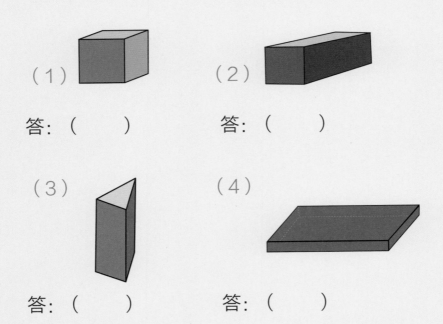

（1）

答：（　　　）

（2）

答：（　　　）

（3）

答：（　　　）

（4）

答：（　　　）

❷ 请将下列图形的共同点圈出来。

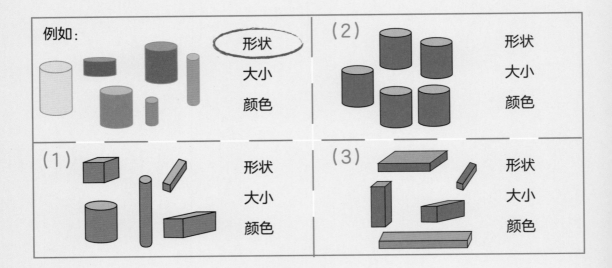

例如：
形状
大小
颜色

（2）
形状
大小
颜色

（1）
形状
大小
颜色

（3）
形状
大小
颜色

3 乡下老鼠从城市走回家。请问：一路上他左边共出现过多少朵花呢？

答：（　　　）朵

3.挤牛奶的小姑娘

下面的题目，应该用哪个算式表达比较合适呢？请勾选出来。

（1）有一只鸡每天下2颗蛋，另一只鸡每天下3颗蛋。请问：9天之内两只鸡共下多少颗蛋？

□ 2+3+9=14

□ 2×3=6，9-6=3

□ 2×9=18，3×9=27，18+27=45

□ 3×9=27，2×9=18，27-18=9

（2）一颗鸡蛋卖5元，一只青蛙卖9元。8颗鸡蛋和10只青蛙卖的钱相差多少呢？

□ 8+10=18，5+9=14，18-14=4

□ 8×10=80，5×9=45，80-45=35

□ 5×8=40，9×10=90，90+40=130

□ 9×10=90，5×8=40，90-40=50

2 一个盒子放6颗蛋，现在共有7盒蛋。如果现在吃掉了2颗蛋，距离50颗蛋还差几颗呢？

答：（　　　）颗

3 如下图所示，若每一小格正方形都是代表6，那下面图中阴影部分各代表多少呢？

（1）

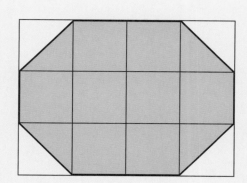

答：（　　　）

（2）

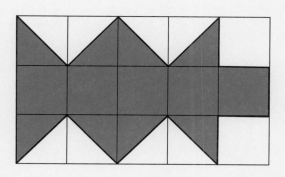

答：（　　　）

4.蚂蚁与蟋蟀

天气的好坏会影响蚂蚁收集食物。请你仔细看看下面的天气记录表，再回答问题。

（1）统计图。（请画○表示）

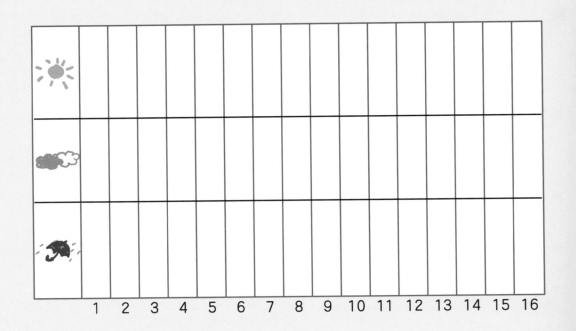

（2）统计表。

天气	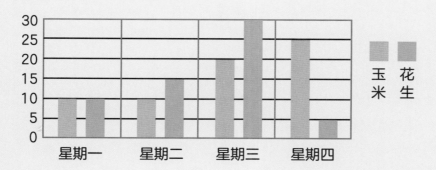		
天数			

（3）如果蚂蚁在 ☀ 可以收集到3袋食物， ☁ 可以收集到1袋食物， ☔ 则无法收集到食物。请问：这个月蚂蚁总共收集到了多少袋食物？

答：_____

② 看图表回答问题。

（1）星期几的花生和玉米的和是最大的？（　　　）

（2）星期几的花生和玉米的差是最小的？（　　　）

5.老婆婆和医生

1 按照示例涂一涂。

例：

（二）分之一

（1）

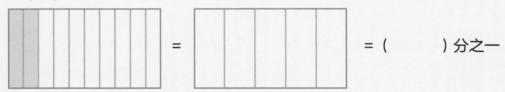

= （　　　）分之一

（2）

= （　　　）分之一

（3）

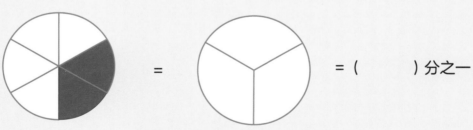

= （　　　）分之一

（4）

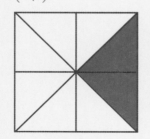 ＝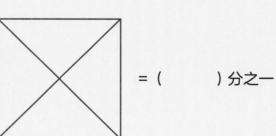

= （　　　）分之一

2 阴影部分是占全部的几分之一？

例：

　　　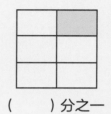

（四）分之一　　（　　）分之一　　（　　）分之一　　（　　）分之一

3 画画看。

例：

$\dfrac{1}{2}$ ：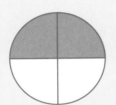　　$\dfrac{1}{3}$ ：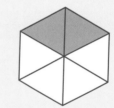

（1）$\dfrac{1}{2}$ ：　　　　　（2）$\dfrac{1}{3}$ ：

　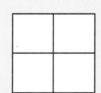　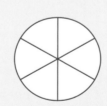　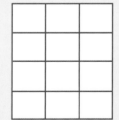

　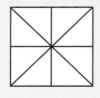　　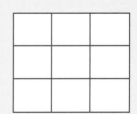

6.金斧头和银斧头

下图有四个木盒子，盒子上写的数字是可以装铜板的最多数目。请你依照题意填入代号。

（1）若樵夫有610个铜板，那么可以用哪个木盒子装？

答：＿＿＿＿＿＿＿＿＿＿＿＿＿＿＿

（2）若樵夫有499个铜板，那么可以用哪个木盒子装？

答：＿＿＿＿＿＿＿＿＿＿＿＿＿＿＿

（3）若樵夫有750个铜板，那么可以用哪个木盒子装？

答：＿＿＿＿＿＿＿＿＿＿＿＿＿＿＿

（4）若樵夫有375个铜板，那么可以用哪个木盒子装？

答：＿＿＿＿＿＿＿＿＿＿＿＿＿＿＿

（5）若樵夫有765个铜板，那么可以用哪个木盒子装？

答：＿＿＿＿＿＿＿＿＿＿＿＿＿＿＿

2 请将以下三张数字纸牌能排出的"三位数"，由小到大排列。

7 **3** **5**

（　）→（　）→（　）→
（　）→（　）→（　）

3 回答问题。

（1）486的数字中，如果将其中的6改为9，那么是增加了
（　　　）。

（2）325的数字中，如果将其中的2改为4，那么是增加了
（　　　）。

（3）610的数字中，如果将其中的6改为7，那么是增加了
（　　　）。

（4）534的数字中，如果将其中的4改为1，那么是减少了
（　　　）。

（5）743的数字中，如果将其中的4改为0，那么是减少了
（　　　）。

（6）896的数字中，如果将其中的8改为3，那么是减少了
（　　　）。

（7）小雨将457抄错了一个数字，结果他抄的数字比457多
了2，那么小雨抄错的数字是（　　　）。

（8）小云将608抄错了一个数字，结果他抄的数字比608多
了10，那么小云抄错的数字是（　　　）。

参考解答

（红色字是参考答案，黑色字是解题过程，仅供参考。）

1. 父子与驴（第15～19页）

数学时间，我来试试看！

❶ 算式：$31 - 18 = 13$（千克）
答：13

❷ 算式：$39 + 47 = 86$（千克）
答：86

❸ 算式：$43 - 32 = 11$（千克）
答：11

❹ 算式：$72 - 29 = 43$（千克）
答：43

❺ （1）竖式：　　（2）竖式：

$$\begin{array}{r} 46 \\ -\ 23 \\ \hline 23 \end{array} \qquad \begin{array}{r} 65 \\ -\ 34 \\ \hline 31 \end{array}$$

答：23　　　答：31

头脑体操

❶ （1）$14 + 27 + 30 = 71$（顺序可调换）
（2）$30 + 27 - 14 = 43$
或是 $27 + 30 - 14 = 43$
（3）$30 + 14 - 27 = 17$
或是 $14 + 30 - 27 = 17$
（4）$27 + 14 - 30 = 11$
或是 $14 + 27 - 30 = 11$

❷ （1）86→14，99→18
解题：十位数和个位数字的和
（2）60→6，54→1
解题：十位数和个位数字的差

（3）71→86，84→99　解题：加15
（4）50→26，43→19　解题：减24
（5）533→11，690→15
解题：百位、十位、个位数字的和
（6）847→5，653→8
解题：百位数加十位数再减去
个位数

★（只要能按照一定的规则完成即可）

❸ （1）算式：$12 + 17 = 29$
（2）算式：$28 - 11 = 17$
（3）算式：$30 - 9 = 21$

❹ （1）算式：$34 + 26 = 60$
（2）算式：$26 + 34 = 60$
（3）算式：$60 - 26 = 34$
（4）算式：$60 - 34 = 26$

2. 乡下老鼠和城市老鼠（第24～29页）

数学时间，我来试试看！

❶ （1）左　　　（2）云朵
（3）右　　　（4）蛋糕
（5）C

❷ （1）

（2）29或30

　　　　（答案只要接近30即可）

（3）20　算式：8＋2＋8＋2＝20

❸　（1）8　　　（2）6　　　（3）5

　　（4）3　　　（5）14，8

❹　（1）C　　　（2）C　　　（3）D

头脑体操

❶
（1）	2→5→6	3
	2→4→1	②→③
（2）	⑥→①	6→5→4
	3→2	3→5→1
（3）	2→1→4	2→5→6→1
	3	1→4

3.挤牛奶的小姑娘
（第35～39页）

数学时间，我来试试看！

❶　算式：2×7＝14

　　答：14

❷　（1）算式：4×2＝8

　　　　答：8

　　（2）算式：8×7＝56

　　　　答：56

❸　算式：5×8＝40

　　答：40

❹　（1）3→6→9→（12）→（15）→
　　　（18）→（21）→（24）→
　　　（27）

　　（2）7→14→21→（28）→（35）
　　　→（42）→（49）→（56）
　　　→（63）

❺　（1）（6）元×（8）＝（48）元

（2）（10）元×（5）＝（50）元

（3）（6）元×（4）＝（24）元

　　（9）元×（8）＝（72）元

　　（24）元＋（72）元＝（96）元

（4）（2）元×（9）＝（18）元

　　（10）元×（3）＝（30）元

　　（18）元＋（30）元＝（48）元

头脑体操

❶　（1）☑ 21－7＝14

　　（2）☑ 3×4＝12

　　（3）☑ 5×4＝20

❷　答：35　算式：7×5＝35

　　★一颗鸡蛋可以卖3元

❸　算式：（？）元×7＝（？）元

　　答：不知道／无解

　　★一桶牛奶可以卖得多少钱

4.蚂蚁与蟋蟀（第45～49页）

数学时间，我来试试看！

❶

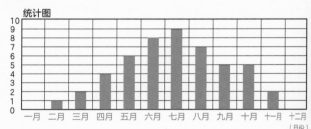

（1）七

（2）21　算式：0＋1＋2＋4＋6＋8＝21

（3）28　算式：9＋7＋5＋5＋2＋0＝28

（4）49　算式：21＋28＝49

参考解答

❷

食物种类	笔记	数字
🍪 饼干	正 一	**6**
🍬 糖果	正	5
🍫 巧克力	正 丁	7
🥜 豆子	正正丁	13
🥜 花生	正丁	8

（1）豆子　　　（2）糖果
（3）8　算式：13－5＝8
（4）5　算式：13－8＝5
（5）5，39
　　算式：6＋5＋7＋13＋8＝39

❸（1）14，6，7，12
（2）杏仁　（3）小米
（4）绿豆→小米→杏仁→玉米粒
（5）小米　（6）绿豆
（7）6，14，13，8

头脑体操

❶

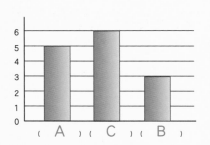

A＝（5）；B＝（3）；
C＝（6）

❷（1）巧克力　（2）糖球
（3）饼干　（4）糖果

5.老婆婆与医生
（第55～59页）

数学时间，我来试试看！

❶　12　算式：4×3＝12
❷　5　算式：40÷8＝5
❸　7　算式：21÷3＝7
❹　（1）$\frac{1}{10}$　　（2）$\frac{1}{8}$

　　（3）$\frac{1}{5}$　　（4）$\frac{1}{6}$

❺　（图仅供参考，数量对即可）
（1）

（2）

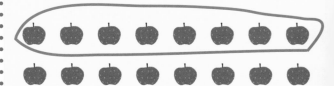

（3）

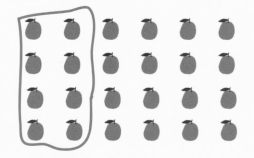

（4）

❶ 略

6.金斧头和银斧头
（第66～69页）

数学时间，我来试试看！

❶ （1）679　（2）680　（3）690

（4）790　（5）10　（6）200

❷ （1）516

五百一十六

（2）759

七百五十九

（3）808

八百零八

❸ （1）4

（2）90

（3）300

（4）0

（5）200，0

（6）800，1

（7）900，80，9

（8）509　（9）730　（10）492

头脑体操

❶ （1）203　（2）448　（3）500

进阶闯关，高手过招

1.父子与驴（第70～71页）

🐻1 71　解题：麦子29千克

玉米29＋13＝42

29＋42＝71

🐻2 90　解题：爸爸61千克

儿子61－32＝29

61＋29＝90

🐻3 40　解题：28＋12＝40

🐻4 49　解题：28＋21０49

🐻5 （1）

$$\begin{array}{r} 3\,2 \\ +\,1\,\boxed{6} \\ \hline 4\,8 \end{array}$$

（2）

$$\begin{array}{r} 2\,\boxed{3} \\ +\,6\,9 \\ \hline \boxed{9}\,2 \end{array}$$

（3）

$$\begin{array}{r} \boxed{2}\,7 \\ +\,4\,4 \\ \hline 7\,\boxed{1} \end{array}$$

（4）

$$\begin{array}{r} \boxed{8}\,2 \\ -\,6\,9 \\ \hline 1\,3 \end{array}$$

（5）

$$\begin{array}{r} \boxed{7}\,9 \\ -\,6\,3 \\ \hline 1\,\boxed{6} \end{array}$$

（6）

$$\begin{array}{r} 9\,\boxed{1} \\ -\,6\,3 \\ \hline \boxed{2}\,8 \end{array}$$

（7）

解题：58-12=46

（8）

解题：40-23=17

参考解答

（9）

解题：
62 - 20 = 42

解题：
40 - 17 = 23

2. 乡下老鼠和城市老鼠
（第72~73页）

❶ （1）A　　　（2）A B
（3）C B　　　（4）B

❷

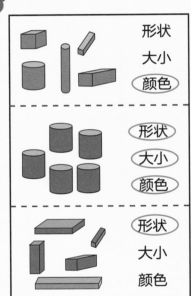

❸ 20

3. 挤牛奶的小姑娘
（第74~75页）

❶ （1）☑ 2 × 9 = 18，3 × 9 = 27，

18 + 27 = 45
（2）☑ 9 × 10 = 90，5 × 8 = 40，
90 - 40 = 50

❷ 10
解题：6 × 7 = 42
42 - 2 = 40
50 - 40 = 10

❸ （1）60
解题：完整的有8格，
半格的有4格 = 2格完整的
共有8 + 2 = 10格　6 × 10 = 60
（2）54
解题：完整的有5格，
半格的有8格 = 4格完整的
共有5 + 4 = 9格　6 × 9 = 54

4. 蚂蚁与蟋蟀（第76~77页）

❶ （1）

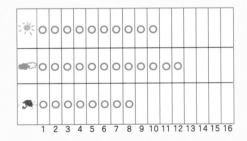

（2）

天气	☀	☁	🌧
天数	10	12	8

（3）42

解题：$3 \times 10 = 30$

$1 \times 12 = 12$

$30 + 12 = 42$

②（1）星期三

解题：星期一　$10 + 10 = 20$

星期二　$10 + 15 = 25$

星期三　$20 + 30 = 50$

星期四　$25 + 5 = 30$

（2）星期一

解题：星期一　$10 - 10 = 0$

星期二　$15 - 10 = 5$

星期三　$30 - 20 = 10$

星期四　$25 - 5 = 20$

5.老婆婆与医生（第78～79页）

①（1）　　（五）分之一

（2）　　（二）分之一

（3）　　（三）分之一

（4）　　（四）分之一

②（1）　　（八）分之一

（2）　　（四）分之一

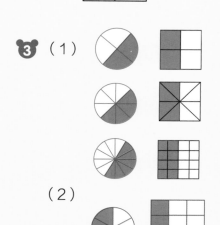

（3）　　（六）分之一

③（1）

（2）

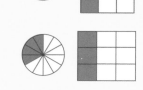

6.金斧头和银斧头

（第80～81页）

①（1）bd　　（2）abd

（3）d　　（4）abcd

（5）没有一个木盒子可以装得下

② 357→375→537→573→735→753

③（1）3　　（2）20

（3）100　　（4）3

（5）40　　（6）500

（7）459　　（8）618

本書簡體中文版權由小魯文化事業股份有限公司授權出版

© 2008 HSIAO LU PUBLISHING CO.LTD.

　　本书中文简体版专有出版权由小鲁文化事业股份有限公司授予电子工业出版社，未经许可，不得以任何方式复制或抄袭本书的任何部分。

版权贸易合同登记号　图字：01-2018-7635

图书在版编目（CIP）数据

数学可以这样学.Ⅰ，数学棒棒糖/沙永玲主编；郭嘉琪著；陈盈帆绘. —北京：电子工业出版社，2019.11

ISBN 978-7-121-37378-7

Ⅰ.①数…　Ⅱ.①沙…　②郭…　③陈…　Ⅲ.①数学—少儿读物　Ⅳ.①O1-49

中国版本图书馆CIP数据核字（2019）第191539号

责任编辑：刘香玉
特约编辑：刘红涛
印　　刷：北京尚唐印刷包装有限公司
装　　订：北京尚唐印刷包装有限公司
出版发行：电子工业出版社
　　　　　北京市海淀区万寿路173信箱　邮编：100036
开　　本：787×1092　1/16　印张：27.5　字数：523.2千字
版　　次：2019年11月第1版
印　　次：2019年11月第1次印刷
定　　价：149.00元（全5册）

　　凡所购买电子工业出版社图书有缺损问题，请向购买书店调换。若书店售缺，请与本社发行部联系，联系及邮购电话：（010）88254888，88258888。

　　质量投诉请发邮件至zlts@phei.com.cn，盗版侵权举报请发邮件至dbqq@phei.com.cn。

　　本书咨询联系方式：（010）88254161转1826，lxy@phei.com.cn。